Markus Lueske

Regionale Disparitäten in der Europäischen Union: Ursachen und Konsequenzen

GRIN Verlag

Bibliografische Information der Deutschen Nationalbibliothek:

Die Deutsche Bibliothek verzeichnet diese Publikation in der Deutschen National-
bibliografie; detaillierte bibliografische Daten sind im Internet über http://dnb.d-
nb.de/ abrufbar.

Impressum:

Copyright © 2003 GRIN Verlag GmbH
Druck und Bindung: Books on Demand GmbH, Norderstedt Germany
ISBN: 978-3-656-52667-4

Regionale Disparitäten in der Europäischen Union: Ursachen und Konsequenzen

- Seminararbeit -

vorgelegt bei

Universität Mannheim

Geographisches Institut

im Rahmen des Hauptseminars:

Regionale Geographie Europas

SS 2003

von

Markus Lüske, Walldürn

Inhaltsverzeichnis

1   Einleitung

In den letzten Jahrzehnten wurde in Europa durch die Entstehung und Entwicklung der EU (Der Einfachheit halber wird im folgenden immer von der EU gesprochen, auch wenn auf eine der vorangehenden Bezeichnungen und Formen, z.B. EG Bezug genommen wird) ein tiefgreifender horizontaler und vertikaler Integrationsprozess in Gang gesetzt. Zum einen kam es im Zeitverlauf zu einer sukzessiven Erweiterung der Europäischen Union und damit zu einer Expansion auf räumlicher Ebene (horizontale Integration). Zum anderen vollzog sich ein vertikaler Integrationsprozess, der vor allem durch die Vollendung des gemeinsamen Binnenmarktes und die Schaffung einer Wirtschafts- und Währungsunion gekennzeichnet ist.

Dieser Prozess ermöglicht eine Beschleunigung des Wirtschaftswachstums in der EU und eine Steigerung der Wettbewerbsfähigkeit des EU-Raumes auf dem Weltmarkt. Aufgrund der unterschiedlichen räumlichen Gegebenheiten und historischen Entwicklungen in den einzelnen Regionen der EU fällt der Anteil an diesen Integrationsgewinnen in den einzelnen Regionen sehr unterschiedlich aus. Vor diesem Hintergrund gewinnt die Frage nach der Entwicklung der regionalen Disparitäten immer mehr an Bedeutung.

Ziel dieser Arbeit ist es, einen Überblick über die Bedeutung, Entwicklung und Implikationen räumlicher Disparitäten in der EU zu geben. Beginnend mit methodischen Vorbemerkungen zur europäischen Regionalstatistik, werden im darauffolgenden Kapitel die Entwicklung und aktuelle Ausprägung regionaler Disparitäten in der EU anhand der Indikatoren Bevölkerungsverteilung, Wirtschaftskraft und Beschäftigung beschrieben und analysiert.

Kapitel 4 stellt Erklärungsansätze vor; dabei wird zwischen Modellen der Raumentwicklung (induktives Vorgehen) und formalen Theorien (deduktives Vorgehen) unterschieden, bevor im Anschluss daran drei Beispiele der regionalen Entwicklung innerhalb der EU vorgestellt werden.

Die Ziele und Instrumente der Regionalpolitik sind Inhalt des Kapitels 6; hier wird besonders auf die aktuelle Reform Bezug genommen und anschließend die Regionalpolitik der EU kritisch betrachtet unter wirtschaftspolitischen, politischen und pragmatisch-technokratischen Gesichtspunkten.

Das Potenzial der neuen Mitgliedstaaten und die Auswirkungen der Erweiterung auf die regionalen Disparitäten werden abschließend thematisiert.

2 Grundlagen der europäischen Regionalstatistik

Neben den Indikatoren zur Beschreibung und Analyse regionaler Disparitäten ist die Auswahl geeigneter Raumeinheiten, auf deren Basis die Daten verglichen werden sollen, von entscheidender Bedeutung. Grundsätzlich sollte die Raumtypisierung bzw. Regionalisierung einen Vergleich von deutlich abgrenzbaren Teilräumen innerhalb eines Gesamtraumes ermöglichen (Ott 2004a, S. 2).

Es muss allerdings darauf hingewiesen werden, dass die Verfügbarkeit von einheitlichen bzw. harmonisierten Daten für die Staaten und Regionen Europas durch unterschiedliche nationale Erhebungsmethoden, administrative Neugliederungen und nicht zuletzt durch die fortschreitende Erweiterung der EU beeinträchtigt wird.

Auch die Daten von EUROSTAT weisen erhebliche Lücken in sektoraler und temporaler Hinsicht auf. Die Aktualität der Daten ist nicht immer gewährleistet und die Aufarbeitung und Zusammenführung der nationalen statistischen Daten führt insbesondere in der Regionalstatistik zu einer zeitlichen Lücke von drei bis vier Jahren.

Aus Gründen der Praktikabilität, d.h. mangels einer Alternative basiert diese Arbeit trotz methodischer Vorbehalte auf der "Systematik der Gebietseinheiten für die Statistik" (Nomenclature des Unités Territoriales Statistiques) NUTS von EUROSTAT. Diese in Abstimmung mit den nationalen statistischen Ämtern vorgenommene Systematik unterscheidet sechs hierarchisch aufgebaute Ebenen, vom Nationalstaat (NUTS 0) bis zur Gemeinde (NUTS 5).

Die oberste regionale Ebene (NUTS 1) umfasst 78 Gebietseinheiten. Dazu zählen bspw. die deutschen Bundesländer oder die französischen Raumordnungsregionen (ZEAT). Luxemburg, Dänemark, Irland und Schweden werden jeweils als Ganzes zu NUTS 1 gerechnet.

Auf der mittleren regionalen Ebene (NUTS 2) werden 211 Hauptverwaltungseinheiten unterschieden. Neben die deutschen Regierungsbezirke treten hier die französischen Régions de programme, die italienischen Regioni oder die spanischen Comunidades autónomas.

Die unterste regionale Ebene (NUTS 3) bildet mit ihren 1093 Gebietseinheiten die am wenigsten vergleichbare Stufe der EUROSTAT-Statistik, da hier lediglich Daten aus der Bevölkerungsstatistik flächendeckend verfügbar sind. Dazu zählen u.a. die Kreise und kreisfreien Städte in Deutschland und die Départemnents in Frankreich (EUROSTAT 2004, S. 7).

3   Regionale Disparitäten in der Europäischen Union

Der Leitgedanke der Raumordnung in der EU ist von dem Ziel geprägt, für alle Einwohner in den Teilräumen gleichwertige Lebensbedingungen zu schaffen und eine ausreichende Infrastrukturausstattung zur Verfügung zu stellen. Diesem Ziel stehen regionale Disparitäten gegenüber, die durch unterschiedlich strukturierte Räume (Verdichtungsraum vs. ländlicher Raum) und durch die ökonomische Prosperität der Räume (strukturschwache vs. strukturstarke Region) gekennzeichnet sind.

In Anlehnung an das Leitbild der Nachhaltigkeit (die gegenwärtige Bedürfnisbefriedigung soll unter Berücksichtigung der Gewährleistung zukünftiger Bedürfnisbefriedigung erfolgen) kann man für die drei Dimensionen Ökologie, Soziales und Ökonomie folgende Themenfelder zur Ermittlung regionaler Disparitäten benennen: Bevölkerung, Wohnen, Wirtschaft, Infrastruktur und Umwelt. Grundlegende Faktoren, für die statistische Daten bereitgehalten werden, sind die Variablen Bevölkerungsverteilung und -entwicklung, Wirtschaftkraft und Beschäftigung (Gans 1992, S. 693).

3.1 Bevölkerung

3.1.1 Verteilung der Bevölkerung im Raum

Bereits die ungleiche räumliche Verteilung der Bevölkerung in Europa ist eine wichtige Determinante der disparaten ökonomischen Entwicklung. Sie ist gekennzeichnet durch den Gegensatz zwischen einer hohen Bevölkerungskonzentration in Mittel- und Nordwesteuropa und einer sehr geringen Bevölkerungsdichte in vielen Regionen Süd- und Nordeuropas.

Während die Bevölkerungsdichte in der nordwesteuropäischen Megalopolis (Süd-England, Benelux-Staaten, Rhein-Ruhrgebiet) sowie in den Regionen um die großen europäischen Metropolen über 500 Ew./qkm liegt, erreichen viele Regionen Nord- und Südeuropas lediglich Werte unter 50 Ew./qkm.

Zudem weisen die einzelnen Länder sehr unterschiedliche Muster der Bevölkerungsverteilung auf. Besonders im Fall der iberischen Halbinsel, aber ansatzweise auch in Italien zeigt sich eine Konzentration der Bevölkerung auf die küstennahen Räume. Neben den Hauptstädten wie Rom und Madrid treten die Regionen um die großen Hafenstädte wie Neapel, Genua, Barcelona, Valencia, Lissabon oder Porto hervor.

In Frankreich ist deutlich die hervorgehobene Stellung der Ile de France gegenüber der Provinz zu erkennen.

Die britischen Inseln sind durch ein Süd-Nord-Gefälle gekennzeichnet, das von einem schwächeren West-Ost-Gefälle überlagert wird (Ott 2004b, S. 13).

Ausgehend vom Verdichtungsraum an Rhein und Ruhr erstrecken sich in Deutschland zwei Verdichtungsachsen entlang des Rheins nach Süden und entlang des Nordrands der Mittelgebirge in den Süden der neuen Bundesländer. Daneben gibt es weitere

Bevölkerungskonzentrationen um die großen Städte wie Stuttgart, München, Berlin oder Hamburg.

Ebenfalls als Teil der nordwesteuropäischen Megalopolis treten die Randstad Holland und der Großraum Brüssel hervor.

Betrachtet man die Hierarchie des Städtesystems in der Europäischen Union, so fällt auf, dass sie geprägt ist von einem Wandel europäischer Städte hinsichtlich ihrer Größe und ihrer Funktionen. Sinz (1992, S. 689) nennt folgende Faktoren für diesen seit den 1960er Jahren anhaltenden Prozess:

- die Globalisierung und das Entstehen von Wirtschaftsblöcken,

- der Zusammenbruch der sozialistischen Staaten und ihre Transformation,

- der Einfluss von Informationen und Wissen auf die Ökonomie,

- die Auswirkungen der Kommunikations- und Informationstechnologie,

- die Bedeutung von großen Projekten für die Stadtentwicklung und

- die Folgen der demographischen und sozialen Entwicklung.

In Studien über das Städtesystem der EU wird deutlich, dass deutsche Städte in der höchsten Stufe nicht vertreten sind; als Gründe werden u.a. ihre geringen Größen und ihre niedrige ökonomische Zentralität im Vergleich zu Paris und London genannt.

3.1.2   Natürliche Bevölkerungsentwicklung und Mobilität

Um regionale Disparitäten erklären zu können, ist es notwendig, die demographischen Entwicklungen in der EU näher zu betrachten, denn bestimmte Trends verstärken die räumlichen Ungleichgewichte.

Die Bevölkerung der EU ist zwischen 1950 und 1995 durchschnittlich um 0,51% pro Jahr gestiegen. Spätestens seit den 1970er Jahren war eine deutliche Verlangsamung des natürlichen Wachstums zu beobachten. Für Mitte 2000 gab das Population Reference Bureau eine negative natürliche Bevölkerungsentwicklung von -0,1% in Europa an. Dieser Wert ist das Ergebnis eines langfristigen Trends, der sich durch eine Zunahme der Lebenserwartung und eine rückläufige Fruchtbarkeit auszeichnet und sich in einer mehr oder minder regelhaften Abfolge der Veränderungen von Geburten- und Sterberate in allen europäischen Ländern ausdrückt (Ott 2004a, S. 5).

Als bevölkerungsstrukturelle Konsequenz ergibt sich u.a. eine Überalterung, auf welche die Alterspyramiden mit ihren relativ breiten Spitzen im Vergleich zu den schmalen Basen hinweisen. Diese Überalterung wird weitreichende Folgen für die sozialen Sicherungssysteme haben.

Ein Vergleich der europäischen Staaten zeigt folgende räumliche Verteilungsmuster: in Skandinavien beträgt der Anteil der über 65-Jährigen durchschnittlich 15,5% an der Gesamtbevölkerung, in Westeuropa 14,5% und in Südeuropa - vor allem aufgrund des später einsetzenden Geburtenrückgangs - 12,7%. Die vergleichsweise hohe Mortalität in den osteuropäischen Transformationsstaaten schlägt sich in einem Altenanteil von 11,3% wieder.

Auf regionaler Ebene heben sich klimatisch attraktive Regionen, in den sich besonders viele Ruhestandswanderer niederlassen, und ländliche Räume, aus denen die junge Bevölkerung abgewandert ist, hervor.

Die Ursachen für den Alterungsprozess bestehen zweifellos in dem während der letzten drei Jahrzehnte zu beobachtenden Geburtenrückgang und in der kontinuierlichen Abnahme der Sterblichkeitsraten in den höheren Altersgruppen jenseits von 70 Jahren. Derzeit muss davon ausgegangen werden, dass die Überalterung innerhalb der EU irreversibel ist, da die Haupteinflussgröße, die Fruchtbarkeitsrate, sich nicht nachhaltig erholen wird (Gans 1992, S. 690).

Das natürliche Bevölkerungswachstum in Europa ist gekennzeichnet von großräumigen Gegensätzen: Eher überdurchschnittlichen Werten in Nord- und Westeuropa stehen Sterbeüberschüsse in den östlichen Transformationsstaaten gegenüber. Eine ausgeglichene Bilanz von Geburten- und Sterberate überwiegt in Mittel- und Südeuropa.

Betrachtet man die raumzeitliche Entwicklung der Fruchtbarkeit in Europa, so stellt man fest, dass die mittlere Geburtenzahl je Frau auf 1,48 Ende des Jahrhunderts sank von 2,65 Anfang der 1950er Jahre. In West-, Mittel- und Nordeuropa setzte um 1965 ein rasches Abfallen der TFR (= Totale Fruchtbarkeitsrate oder zusammengefasste Geburtenziffer) ein, das ca. zehn Jahre andauerte und mit Werten unter der Bestandssicherung abschloss (zweite demographische Transformation). In Südeuropa begann der Geburtenrückgang bei höheren Ziffern zwar später, lief dann aber sehr intensiv ab; in Osteuropa sank die TFR rasch und deutlich nach dem Zusammenbruch des sozialistischen Systems.

Erklärungsansätze für den Geburtenrückgang findet man in der Individualisierung von Lebensbiographien und der Pluralisierung der persönlichen Lebensformen. Die zweite demographische Transformation beruht - anders als die erste im 19. Jh. - weniger auf einem sozialen und ökonomischen Wandel als vielmehr auf Veränderungen im persönlichen Bereich. Das Hinausschieben der Familienbildung und die Zunahme des

Alters der Frauen bei der Geburt ihres ersten Kindes kennzeichnen die tiefgreifenden Veränderungen im generativen Verhalten (Ott 2004b, S. 7).

Das derzeitige Bevölkerungswachstum der Europäischen Union ist im Wesentlichen auf den Einfluss der Nettozuwanderung zurückzuführen. In der Vergangenheit waren die Staaten in sehr unterschiedlichem Ausmaß von den Zuwanderungen aus dem Ausland betroffen: Zuwanderer nach Frankreich kamen bevorzugt aus Nordafrika, die nach Großbritannien aus den Commonwealth-Ländern und den ehemaligen Kolonien und Deutschland war Zielgebiet von Zuwanderern aus Süd- und Südosteuropa. Für die 1990er Jahre ergibt sich eine West-Ost-Teilung des Kontinents mit negativen Wanderungssalden der meisten osteuropäischen und Wanderungsgewinnen der EU-Staaten.

Auch innerhalb der Staaten lassen sich Konzentrationsprozesse der Bevölkerung nachweisen. Diese Binnenwanderungen tragen seit den 1960/70er Jahren maßgeblich zu Änderungen in der Bevölkerungsverteilung zugunsten neuer Wachstumsräume bei und verstärken dadurch räumliche Ungleichgewichte. Hinter diesem Trend steht ein tiefgreifender sozioökonomischer Wandel, der im Kapitel 3.4 dargestellt wird. Dieser Wandel hat in den EU-Staaten zu inter- wie intraregionalen Bevölkerungsumverteilungen geführt. Regionen mit negativen Binnenwanderungssalden sind altindustrialisierte Gebiete, in denen die Deindustrialisierung zu einem massiven Arbeitsplatzabbau führte und die regionalen Entwicklungsmaßnahmen wirtschaftsstrukturelle Defizite bis heute nicht entscheidend beseitigen konnten (Schätzl 1993, S. 57).

Negative Bilanzen liegen auch für periphere ländliche Räume mit sehr geringer Bevölkerungsdichte vor. Hier mangelt es an der Größe von Arbeits- und Absatzmarkt, um strukturelle Änderungen vorantreiben zu können. Die anhaltende Abwanderung schwächt noch eventuell vorhandene endogene Potenziale und gefährdet die Versorgung der Einwohner in der Fläche.

Weiterhin verzeichnen die großen Verdichtungsräume eher Migrationsverluste. Als Ursachen können Agglomerationsnachteile, hohe Bodenpreise, Flächenengpässe und Verkehrsprobleme genannt werden.

Demgegenüber sind positive Salden für Regionen zu erkennen mit einer "gewissen" städtischen Dichte, mit Ausbildungs- und Forschungseinrichtungen sowie hohem Freizeit- und Wohnwert. Staatliche Förderungen haben die Entstehung dieser neuen Wachstumsräume noch gestützt.

In Deutschland ist nach der Wiedervereinigung an die Stelle der traditionellen Nord-Süd-Wanderungen ein extremer Ost-West-Gegensatz getreten.

In Italien zeigt sich eine Tendenz der Abwanderung aus dem Mezzogiorno in die Regionen des Nordens. Allerdings registrieren heute Mittelitalien und der Nordosten (Drittes Italien) höhere Gewinne als die Lombardei.

In Frankreich und den Niederlanden sind Wanderungsbewegungen vom Norden in den Süden zu beobachten, während in Dänemark die Region östlich des Großen Belt Wanderungsgewinne verzeichnen kann.

In Großbritannien ergibt sich ein heterogenes Bild. Die Regionen mit hohen Wanderungsverlusten liegen im Norden (Schottland, Nordirland) und um die traditionellen Industrieregionen (North West, West Midland, Yorkshire). Auch die Region South East mit Greater London verzeichnet einen negativen Wanderungssaldo. Hohe Wanderungsgewinne zeigen sich demgegenüber im Südwesten, in Wales, in East Anglia und in den East Midlands.

Auch in Zukunft wird die Bevölkerungsentwicklung in der EU stärker durch das Wanderungsgeschehen als durch Fertilität und Mortalität beeinflusst werden. Hierzu tragen der Lebensstandard in den Staaten der EU ebenso bei wie Entwicklungsunterschiede zwischen den europäischen Regionen. Aus demographischer Sicht sind Zuwanderungen in die EU ein willkommener "Ausgleich" zur Überalterung der Bevölkerung.

3.2 Wirtschaftskraft

Die EU verwendet zur Darstellung regionaler Entwicklungsdisparitäten und als Grundlage für die Auswahl von Fördergebieten vorrangig zwei Indikatoren: das Pro-Kopf-Bruttoinlandsprodukt zu Kaufkraftparitäten und die Arbeitslosenquote. Mit dem BIP pro Kopf wird demnach die ökonomische Leistungskraft einer Region zum Ausdruck gebracht. Auf der Ebene der Staaten haben sich im Beobachtungszeitraum 1980 bis 1990 die Einkommensdisparitäten nicht grundlegend verändert (Schätzl 1993, S. 43).

Auch auf der Ebene der NUTS2-Regionen lässt sich keine substantielle Verschärfung oder Verringerung der Einkommensdisparitäten feststellen. Gegenwärtig erzielen die höchsten Werte der Wirtschaftkraft die Regionen der europäischen Metropolen: An der Spitze liegen Inner London (242% des EU-Durchschnitts), Brüssel (217%), Luxemburg (186%),

Hamburg (183%) und die Ile de France (154%). Auf den weiteren Plätzen folgen Oberbayern (151%), Wien (150%) und der Regierungsbezirk Darmstadt (147%).

Am unteren Ende der Skala liegen - von den französischen Überseedepartements abgesehen - die griechische Region Ipeiros (51%) sowie Extremadura (52%) in Spanien und Centro in Portugal (57%).

Innerhalb der Einzelstaaten bestehen erhebliche regionale Differenzen. So liegt in Italien das BIP je Einwohner teilweise über 125% des EU-Durchschnitts (Lombardei 137%), während es im gesamten Mezzogiorno unter 75% liegt (Kalabrien 62%).

In Frankreich und Großbritannien besteht ein deutlicher Gegensatz zwischen den Hauptstadtregionen und dem Rest des Landes (Zentrum-Peripherie-Gefälle).

In Deutschland wird der traditionelle Nord-Süd-Gegensatz in den alten Ländern von einem markanten Gefälle zwischen West- und Ostdeutschland überlagert (Ott 2004b. S. 9).

3.3   Beschäftigung und Arbeitslosigkeit

Die Staaten und Regionen der EU unterscheiden sich nicht nur durch das Ausmaß der Erwerbsbeteiligung, sondern auch durch die Anteile der Beschäftigten in den einzelnen Wirtschaftssektoren.

Von Interesse ist dabei, in welcher Phase der dynamischen Entwicklung der Sektoren sich eine Gesellschaft befindet, wobei davon ausgegangen wird, dass sich - nach dem Modell von Fourastié (1954, S. 116) - in allen Ländern zu jeweils spezifischen Zeitpunkten ein Wandel von der Agrar- über die Industrie- zur Dienstleistungsgesellschaft vollzieht.

Die durch den primären Sektor geprägten Regionen befinden sich an der Peripherie der EU. Die höchsten Anteile werden in Griechenland, Portugal, Spanien und Süditalien erricht. Des weiteren sind Irland, Finnland und große Teile Frankreichs überproportional durch Land- und Forstwirtschaft oder Fischerei gekennzeichnet.

Der Anteil der Beschäftigten auf Staatenebene im produzierenden Gewerbe schwankt zwischen 27% in Dänemark und 40% in Deutschland. Die Industrieregionen konzentrieren sich dabei im Wesentlichen auf das Kerngebiet der EU, das sich von Mittelengland über das nordbelgisch-südniederländische Industrierevier, das Ruhrgebiet, den Süden Deutschlands und Ostfrankreich nach Norditalien erstreckt. Hinzu kommen Nordspanien und der Norden Portugals. Auch heute noch ist also der größte Anteil in den altindustrialisierten Gebieten Europas anzutreffen.

Die in fast allen EU-Regionen zu beobachtende Zunahme des Anteils der Beschäftigung im tertiären Sektor spiegelt die Auswirkungen eines vermehrten Dienstleistungsinputs in der Fertigungsindustrie als Folge von technologischem Wandel und Innovationen.

Bei den durch den tertiären Sektor geprägten Regionen ergibt sich ein heterogenes Verteilungsmuster: In allen europäischen Hauptstadtregionen hat er eine überdurchschnittliche Bedeutung. Hinzu treten die vom Tourismus geprägten Gebiete des "sunbelt", also die Küstenregionen des Mittelmeeres sowie die Gebirgsränder (z.B. das Alpenvorland, Tessin, Trentino), wobei sich insbesondere in den südfranzösischen Regionen (z.B. Languedoc-Roussillon) auch die Ansiedlung von Forschungseinrichtungen (s. Kap. 5.2) und Firmen aus dem Bereich der unternehmensorientierten Dienstleistungen bemerkbar macht (Ott 2004a, S. 11).

Die sektorale Struktur der Wirtschaft wirkt direkt auf die regionalen Arbeitsmärkte. Regionen mit überdurchschnittlicher Bedeutung des sekundären Sektors sind häufig durch "alte" und wachstumsschwache Industriezweige geprägt, deren Substitution durch neue Industrien sich schwierig gestaltet und das Arbeitsplatzangebot nicht ausreichend ist. Die regionalen Unterschiede bei den Arbeitslosenquoten weisen eine extreme Spannbreite, von weniger als 3% (z.B. Luxemburg) bis hin zu mehr als 32% (z.B. Andalusien) auf. Auf nationaler Ebene treten insbesondere in Deutschland, Italien, den skandinavischen Staaten aber auch in Frankreich besondere Verteilungsmuster zu Tage.

In West-Deutschland zeichnet sich das bekannte Nord-Süd-Gefälle mit den Regierungsbezirken Stuttgart und Bremen als den beiden Extremen ab. Überdeckt wird dieser Gegensatz durch die sehr hohen Arbeitslosenquoten in den neuen Bundesländern (z.B. Dessau 21,5%).

Auch für Italien ergibt sich die klassische Zwei- bzw. Dreiteilung in den "reichen Norden", den "armen Süden" und durchschnittliche Werte in Mittelitalien.

Während in Finnland und Schweden ein deutliches Nord-Süd-Gefälle zu Tage tritt, sind in Frankreich sowohl der altindustrialisierte Norden (Nord-Pas-de-Calais 16,6%) als auch der mediterrane Süden (Languedoc-Roussillon 17,8%) von hoher Arbeitslosigkeit betroffen.

Die hohen Arbeitslosenquoten in den südlichen Regionen der EU stehen auch im Zusammenhang mit der demographischen Entwicklung. Der dort später einsetzende Geburtenrückgang führt heute zu einer schnelleren Zunahme der Zahl der Erwerbspersonen als in den übrigen Regionen der Gemeinschaft (Ott 2004b, S. 10).

Die Arbeitslosenquoten der Jugendlichen und jungen Erwachsenen folgen den beschriebenen Verteilungsmustern, liegen allerdings in vielen Regionen um den Faktor zwei höher.

Daneben existieren geschlechtsspezifische Unterschiede: Frauen sind generell stärker von der Arbeitslosigkeit betroffen als Männer. Zu differenzieren ist hierbei zwischen den großen Agglomerationen, in denen viele Arbeitsplätze im tertiären Sektor zur Verfügung stehen und den traditionellen Industrieregionen mit einem deutlichen Übergewicht des sekundären Sektors auf dem Arbeitsmarkt.

In Ostdeutschland und in den anderen Transformationsstaaten schlägt sich die aus der sozialistischen Zeit übernommene stärkere Erwerbsbeteiligung der Frauen in höheren Arbeitslosenquoten nieder, während die Werte in Südeuropa nur langsam ansteigen. Allerdings ging in allen EU-Staaten in den letzten Jahren die Erwerbsquote der Männer zurück, währen die der Frauen eine ansteigende Tendenz aufweist.

3.4   Schlüsselprozesse des Strukturwandels

Die Entwicklung der regionalen Disparitäten in der EU kann als ein Zusammenspiel mehrerer Prozesse betrachtet werden. Dabei können nach Schätzl (1993, S. 47) zwei Schlüsselprozesse identifiziert werden, die für den ökonomischen Strukturwandel in der EU wichtiger einzuschätzen sind als der europäische Integrationsprozess selbst:

1. die Deindustrialisierung (bzw. Tertiärisierung) in Verbindung mit
   räumlich-selektiver Reindustrialsierung und

2. die Dezentralisierung, teilweise verbunden mit einer Rezentralisierung.

Deindustrialisierung meint die Verlagerung der Beschäftigung vom industriellen Sektor zum Dienstleistungssektor. Während die Deindustrialisierung für sich allein in erster Linie zu massiven Beschäftigungsverlusten im verarbeitenden Gewerbe (Stahl, Schiffbau, Textilindustrie) und damit zur Entstehung von Altindustriegebieten geführt hat (Ruhrgebiet, Lorraine, West Midlands, Limberg, País Vasco), werden von der Tertiärisierung zwei sehr unterschiedliche Dienstleistungssektoren und damit Regionstypen beeinflusst.

Zum einen profitieren die freizeitorientierten Dienstleistungsbetriebe des Tourismus in den "sunbelt"-Regionen in der Peripherie Europas von den europaweit gestiegenen Realeinkommen und der zunehmenden Freizeit.

Zum anderen ist besonders in den europäischen Metropolen und Hauptstädten ein beträchtlicher Zuwachs der Beschäftigten- und Umsatzzahlen in den unternehmensorientierten Dienstleistungen (Finanzwesen, Bank, Unternehmensberatung) zu konstatieren (Schätzl 1993, S. 103).

Für das Verständnis der Entstehungsbedingungen von Wachstumsregionen ist die Kenntnis eines weiteren Prozesses unerlässlich, der als Reindustrialisierung bezeichnet wird. Trotz des geschilderten generellen Trends in Richtung Dienstleistungen ist eine industrielle Basis auch in Zukunft nötig. Allerdings wird sich die Art der Produkte und der Herstellung in Richtung kleinerer Stückzahlen und flexiblerer Produktion (economies of scope) verändern.

Die daraus resultierenden räumlichen Implikationen sind erst partiell bekannt. Sicher ist, dass Reindustrialiserungsprozesse eng mit dem technologischen Wandel in der Produktion verbunden sind. Dies gilt sowohl für das rasche Wachstum einzelner High-Tech-Industrien, als auch für den Bedeutungsgewinn kleiner und neuer Unternehmen besonders in peripheren nicht-industriellen Regionen.

Reindustrrilaisuerng findet aber auch dort statt, wo existierende Unternehmen neue Technologien anwenden und so ihr eigenes Wachstum und zumeist auch jenes der Region sichern.

Dezentralisierung bezeichnet den Bedeutungsgewinn von suburbanen Räumen bzw. von Randbereichen der Kernregionen. London und München können hier als Beispiele für diesen Trend gelten, der z.T. aus den Agglomerationsnachteilen erklärbar ist.

Diese Dezentralisierung vollzog sich zunächst in den nordwesteuropäischen Regionen, breitete sich in den 1970er Jahren auch auf Frankreich und Norditalien aus und erlangt zunehmend auch für die südlichen EU-Staaten an Bedeutung.

Damit verbunden ist auch eine Rezentralisierung, die zu einem Bevölkerungs- und Beschäftigungszuwachs kleiner Städte im Umland großer Städte führt. Grund hierfür sind günstigere Wohnraumverhältnisse und Freizeitangebote. Im Kapitel 4.2.2 wird im Rahmen der Polarization-Reversal-Hypothese genauer auf die Entwicklungen eingegangen.

Die große Bedeutung, die der technologische Wandel für die Entstehung neuer bzw. die Stabilität alter Wachstumsregionen hat, wurde bereits mehrfach erwähnt. An dieser Stelle sei auf die Diskussion der theoretischen Erklärungsversuche der Beziehung zwischen technologischem Wandel und Regionalentwicklung hingewiesen, die Ausführlich im Kapitel 4.2 vorgestellt werden (Schätzl 1993, S. 50).

Wo die Cluster neuer Reindustrialisierungs- und damit Rezentralisierungsprozesse entstehen, wird sehr wahrscheinlich auch vom "innovativen Milieu" innerhalb der Region abhängen. Dieses Milieu erzeugt in einem sich selbst verstärkenden Prozess Innovationen als Ergebnis eines sich entwickelnden Netzwerkes miteinander kommunizierender Unternehmer, Wissenschaftler, Planer und Politiker.

Ein solches Milieu erzeugt und bedingt eine gewisse Lebensqualität und ein ausreichendes Angebot an hochqualifizierten Arbeitskräften. Diese mit weichen Standortfaktoren gut ausgestatteten Cluster können sowohl in bislang ländlich strukturierten "sunbelt/skibelt"-Regionen als auch in Randbereichen europäischer Metropolen angesiedelt sein.

4   Theoretische Erklärungsansätze

Die geschilderten regionalen Disparitäten innerhalb der EU lassen sich nur vor dem Hintergrund globaler ökonomischer Entwicklungstrends erklären. Diese Trends haben einerseits direkte Auswirkungen auf die Regionen Europas, zum anderen entwickeln die politischen und ökonomischen Entscheidungsträger in den Regionen verschiedene Anpassungsstrategien, um mit dem raschen Wandel Schritt zu halten.

Im Überblick lassen sich die folgenden Rahmenbedingungen bzw. Entwicklungstrends nennen, die sich im räumlichen Gefüge Europas niederschlagen:

- die Globalisierung der Wirtschaft und eine Intensivierung der internationalen
  Arbeitsteilung,
- die Schaffung des Binnenmarktes und die weiter fortschreitende politische und
  ökonomische Integration der europäischen Staaten,
- der politische Umbruch in Osteuropa und die Vereinigung der beiden deutschen Staaten,
- die zunehmende Zentralisierung von ökonomischen Entscheidungen auf wenige
  multinationale Konzerne und damit auf wenige Metropolen,
- das Ende fordistischer Technologien und den Abbau unproduktiver Management- und
  Produktionsstrukturen,
- der Einsatz und die rasche Verbreitung neuer Informations- und
  Telekommunikationstechnologien und
- die Einschränkung der finanziellen Handlungsmöglichkeiten vieler Staaten.

Bei der Suche nach Erklärungsansätzen findet man in der wissenschaftlichen Literatur zwei Typen: zum einen sind es Ansätze, die aus der Analyse der aktuellen Situation auf mögliche Zukunftsszenarien schließen, d.h. induktiv vorgehen. Dabei geben sie implizit auch ein Erklärung der aktuellen Entwicklung.

Zum anderen sind es Erklärungsansätze, die sich auf formale Theorien begründen. Dabei werden allgemeine Theorien auf das europäische Raumbeispiel angewendet, so dass eher ein deduktiver Ansatz verfolgt wird.

4.1 Modelle der räumlichen Entwicklung

Zahlreiche Autoren haben versucht, regionale Disparitäten durch verschiedene Raummuster zu skizzieren. Als bekanntestes Raumbild hat sich die "Blaue Banane" herausgebildet. Danach wachsen die Agglomerationsräume London, Randstad Holland, Brüssel, Rhein-Ruhr, Rhein-Main, Rhein-Neckar, Oberrhein, Basel/Zürich und Oberitalien (Mailand, Turin) zu einer zentraleuropäischen Entwicklungsachse zusammen, die sich durch die folgenden Merkmale auszeichnet:

- hohe Bevölkerungskonzentration,

- relativ hohes Pro-Kopf-Einkommen,

- relativ geringe Arbeitslosigkeit und

- hoher Anteil des tertiären Sektors.

Dahinter steht die Überlegung, dass die bereits heute wachstumsstarken und hochentwickelten Regionen zumindest mittelfristig im besonderen Maße von einem integrierten Europa profitieren werden. Die in dieser Entwicklungsachse gelegenen großen Finanz-, Industrie- und Handelszentren werden in der wissenschaftlichen Literatur insgesamt als "Megalopolis" Europas bezeichnet. Allerdings liegen in dieser Achse auch altindustrielle Regionen, wie etwa das Ruhrgebiet oder der Raum Manchester/Liverpool.

Das inflatorische Vorkommen der "Banane" in nahezu allen wissenschaftlichen und nichtwissenschaftlichen Publikationen, in Schulbüchern und sonstigen Abhandlungen, die sich mit den räumlichen Folgen der europäischen Integration beschäftigen, verdeckt jedoch die Tatsache, dass es sich bei diesem eingängigen Bild ursprünglich um eine politische Aussage handelt. Roger Brunet, Mitglied der französischen Raumordnungsbehörde, hatte dieses Bild aus einer Untersuchung über die Attraktivität der europäischen Städte abgeleitet und wollte damit die französische Regierung auf bestehende Defizite in ihrer Regional- und Raumordnungspolitik hinweisen. Nur so ist zu erklären, dass die wirtschaftsstarken und dynamischen Regionen um Paris und Lyon (Rhone-Alpes) bei diesem Bild ausgespart bleiben.

Die kritiklose Übernahme dieses Raumentwicklungsmodells entfaltete in den 1990er Jahren eine Eigendynamik, die das Wirken von politischen und wirtschaftlichen

Entscheidungsträgern beeinflusste. Sinz (1992, S. 56) spricht daher wohl zu Recht von self-full filling prophecy.

Zu einem späteren Zeitpunkt hat Brunet sein Modell um folgende Aspekte ergänzt:

- die Nebenachse Paris-Marseille,

- die Verlagerung des Gravitationszentrums Richtung Süden und neue Verbindungsachsen von Berlin über Leipzig, Dresden, Prag bis Wien, um die bevorstehende Osterweiterung zu integrieren,

- die "Diagonale der Schwierigkeiten" von Madrid bis Hamburg,

- der Gürtel der High-Tech-Regionen und darin führende Städte rund um Mitteleuropa,

- der periphere "Gürtel der Unterentwicklung" und

- die Entwicklungszone von Valencia bis zur Emilia Romagna ("Norden des Südens").

Ein weiteres Raumbild stellt der europäische "sunbelt" dar (in Anlehnung an Entwicklungstrends in den USA), der sich entlang der Mittelmeerküste von Nordspanien (Barcelona) über das südliche Frankreich (Montpellier, Marseille, Nizza) bis zur norditalienischen Adriaküste erstreckt. Maßgeblich geprägt ist diese Zone durch eine wachsende Standortpräferenz von vor allem zukunftsorientierten Wirtschaftszweigen (z.B. High-Tech-Unternehmen), die sich vermehrt an weichen Standortfaktoren orientieren. Neben der Verlagerung von Forschungseinrichtungen und Industriebetrieben spielen hier vor allem der Tourismus und die wachsende Zahl von Alterswohnsitzen eine wichtige Rolle.

Die "blaue Banane" und der "sunbelt" stellen die Kernräume dar, auf die sich das wirtschaftliche Wachstum im europäischen Binnenmarkt konzentriert. Dem gegenüber stehen strukturschwache Peripherieräume, die von der Marktöffnung geringer profitieren. Darunter fällt auch der bereits oben erwähnte "Gürtel der Unterentwicklung". Allerdings bezog Brunet diesen Begriff nur auf den äußersten Süden und Westen Europas. Neuere Darstellungen fügen jedoch ein östliche Peripherie hinzu.

Vor allem aufgrund der deutschen Wiedervereinigung und der bevorstehenden Erweiterung erschließen sich den bisher peripher gelegenen, östlichen Regionen der EU neue Entwicklungschancen. Dabei können vor allem ehemalige Randgebiete lageinduzierte Wachstumsimpulse erzielen, da sie in eine zentralere Position Europas gerückt werden. Dies gilt nicht nur für die Ostregionen, sondern auch für Städte wie Stockholm, Kopenhagen und Berlin.

4.2   Formale Ansätze

Die Suche nach Erklärungsmustern für räumliche Differenzierungsprozesse stellt sowohl in der sozial- als auch in der ökonomischen Theorie ein kontrovers diskutiertes Forschungsfeld dar. Es existiert keine einzelne, allumfassende Theorie, die den komplexen regionalen Strukturwandel in den europäischen Regionen erklären könnte.

Allerdings leisten einige Theorieansätze wesentliche Beiträge zum besseren Verständnis der regionalen Disparitäten. Im folgenden werden daher einige Theorien vorgestellt, die Teilaspekte des regionalen Differenzierungsprozesses auf unterschiedlichen Maßstabsebenen erläutern.

4.2.1   Theorie der lange Wellen

Anhand der auf Kondratieff und Schumpeter zurückgehenden Theorie können vor allem langfristige und großräumige Verschiebungen der ökonomischen Wachstumsdynamik erklärt werden. Die Theorie basiert auf der Feststellung, dass grundlegende technische Neuerungen, sog. Basisinnovationen, in zyklischen Abständen auftreten und somit lang anhaltende Wachstumsschübe (= lange Wellen) auslösen können.

Dabei können Basisinnovationen sowohl zu Produktinnovationen als auch zu Prozessinnovationen führen. Als Produktinnovationen bringen sie neue Wachstumsindustrien hervor, als Prozessinnovationen bewirken sie grundlegende Veränderungen in bereits bestehenden Wirtschaftszweigen. Dieser sektorale Strukturwandel wirkt sich im besonderen auf den räumlichen Differenzierungsprozess aus.

Gemäß dieser Theorie bildet jede Welle ein räumliches Zentrum, wobei es beim Übergang von einer langen Welle zur nächsten zu einer großräumlichen Schwerpunktverlagerung ökonomischer Aktivitäten kommt.

Bei globaler Betrachtung lag der räumliche Konzentrationskern der ersten langen Welle (Dampfkraft, Baumwolltextilien, Eisen) in England (Manchester), während sich der der zweiten langen Welle (Eisenbahn, Eisen, Stahl) zusätzlich in Deutschland (Ruhrgebiet) und in den USA (Ostküste) befand.

In der dritten (Elektrizität, Chemie, Automobile) und vierten (Elektronik, synthetische Materialien, Petrochemie) kamen neben westeuropäischen Ländern die Westküste der USA und Japan als Ausgangspunkte von Basisinnovationen hinzu. Zu Beginn der fünften Welle (Bio- und Nanotechnologie) wird erwartet, dass sich der pazifische Raum zu einer führenden Industrieregionen entwickeln könnte.

Bei Betrachtung einzelner Länder lässt sich beispielsweise in Deutschland im Laufe des dritten und vierten Kondratieff-Zyklus eine Schwerpunktverschiebung ökonomischer Aktivitäten in die Regionen Stuttgart und München empirisch belegen (Schätzl 2001, S: 76).

Für die räumliche Schwerpunktverlagerung jeder neuen Welle gibt es zahlreiche Gründe. Ein wichtiger Grund liegt darin, dass die Standortanforderungen der neuen Welle von den Kernregionen der alten Welle oft nicht mehr erfüllt werden. Dies gilt sowohl für die Ausstattung mit Infrastruktur und Humankapital als auch für die Preise der Produktionsfaktoren. Ein weiterer Grund liegt in der "Trägheit" von Großunternehmen, Gewerkschaften und Verwaltungen, die notwendigen Anpassungen vorzunehmen. Solch statisches Verhalten führt oft dazu, dass die Zentren der alten Welle zu Altindustrieregionen verkrusten.

Die Kritik an der Theorie der langen Wellen konzentriert sich auf Unzulänglichkeiten sowohl der empirischen Befunde als auch des theoretischen Erklärungsgehalts. Die Theorie gibt lediglich Aufschluss über Ursachen von Aufschwung, Wendepunkt bzw. Abschwung bei einzelnen langen Wellen; es ist aber nicht überzeugend gelungen, die Gesetzmäßigkeit zyklischer Schwankungen in regelmäßiger zeitlicher Abfolge zu erklären (Bathelt/Glückler 2002, S. 173).

4.2.2   Polarization-Reversal-Hypothese

Die von Richardson 1980 entwickelte Hypothese stellt eine Verknüpfung neoklassischer Wachstumstheorien mit polarisationstheoretischen Ansätzen dar. Sie geht davon aus, dass sich im Laufe eines langfristigen Entwicklungsprozesses eine Trendwende in der räumlichen Konzentration auf nationaler Ebene vollzieht. Agglomerationsvorteile, die Zuwanderung mobiler Produktionsfaktoren aus anderen Landesteilen und ausländische Direktinvestitionen setzen eine kumulativen Wachstumsprozess in Gang. Es kommt zur räumlichen Konzentration ökonomischer Aktivitäten und zur Bildung einer Zentrum-Peripherie-Raumstruktur mit erheblichen regionalen Disparitäten (1. Phase: Räumliche Konzentration).

Im Laufe der weiteren Entwicklung entstehen jedoch im Zentrum Agglomerationsnachteile, die u.a. eine Erhöhung der Produktionskosten bewirken und so eine Auslagerung bestehender bzw. eine Ansiedlung neuer Betriebe im Hinterland des Zentrums rentabel werden lassen (2. Phase: Intraregionale Dekonzentration).

In der dritten Phase entstehen nationale Subzentren (Wachstumspole), denen es gelingt, einen eigendynamischen Wachstumsprozess in Gang zu setzen. Die Agglomerationsvorteile in den Subzentren in Verbindung mit sich verschärfenden Agglomerationsnachteilen in der Zentralregion bewirken eine Umlenkung des Investitionsstroms. Die Folge ist die Migration von Arbeitskräften aus der Zentralregion und der verbleibenden Peripherie in die neuen Subzentren. Diese interregionale Dekonzentration ökonomischer Aktivitäten mit nachfolgenden Wanderungsbewegungen stellt die Kernaussage dieser Hypothese dar ("Ballungsumkehr"). Der Wendepunkt zur Polarisationsumkehr liegt zwischen der zweiten und dritten Phase.

In einer vierten Entwicklungsphase wiederholt sich auch im Einzugsbereich der neuen Subzentren ein Prozess intraregionaler Aktivitäten im Umland (subintraregionale Dekonzentration).

Das Ergebnis alle Dekonzentrationsprozesse (5. Phase) sind stabile urbane Hierarchiesysteme sowie eine weitgehende Angleichung der regionalen Disparitäten. Diese Phase wird nach Schätzl (2001, S. 117) nicht erreicht, da nach neueren Erkenntnissen von einem kontinuierlichen Strukturwandel des gesamten Raumssystems auszugehen ist.

Als Kritik lässt sich festhalten, dass dieses stufentheoretische Modell aufgrund des historisch-deskriptiven Ansatzes nur bedingt geeignet ist, Entwicklungsprozesse zu erklären. Es gibt keine notwendigen ökonomischen Entwicklungsgesetze wieder, sondern ist lediglich ein geeignetes Hilfsmittel, um komplexe wirtschaftliche Zusammenhänge typisierend darzustellen (Bathelt/Glückler 2002, S. 133).

4.2.3 Produktzyklus-Hypothese

Die Hypothese leistet aus mikroökonomischer Sicht einen Beitrag zur Erklärung intraregionaler, interregionaler, aber auch internationaler Verlagerungen wirtschaftlicher Aktivitäten. Die Kernaussage lautet, dass Produkte nur eine begrenzte Lebensdauer besitzen und einen mehrphasigen Lebenszyklus durchlaufen, wobei sich beim Übergang von der Phase der Entwicklung und Einführung, über die Wachstums-, Reife- bis zur Schrumpfungsphase die Produktions- und Absatzbedingungen verändern.

Daraus lässt sich folgern, dass phasenspezifische Standortanforderungen bestehen und sich demnach im Laufe des Lebenszyklus eines Produktes der optimale Produktionsstandort verschiebt.

Die Entwicklung neuer Produkte ist vor allem an qualifizierte Arbeitskräfte, Innovationspotenzial und Risikokapital gebunden. Solche Standortfaktoren liegen eher in urban-industriellen Zentren vor.

Mit der zunehmenden Standardisierung der Produktion steigt jedoch die Bedeutung von Maschinen gegenüber innovativen Arbeitskräften. Zusätzlich muss auf verschärften Preis- und Qualitätswettbewerb reagiert werden. Es kommt entweder zu einer funktionalen Standortspaltung oder zu Zweigbetriebsgründungen in der Peripherie (auch in Niedriglohnländern oder -regionen), um Kostenvorteile zu realisieren.

Im Lebenszyklus eines Produktes verschiebt sich der optimale Produktionsstandort demnach vom Agglomerationsraum über das Umland in periphere Regionen. In Anlehnung an die beiden bereits vorgestellten Theorien kann auch von einer intra-, interregionalen und internationalen Dekonzentration der Produktion gesprochen werden. Innerhalb Europas können die Standortverlagerungen der Textil- und Automobilindustrie als Beispiel dieser Theorie betrachtet werden.

Tichy (1991, S. 38) weist kritisch auf die Limitationen dieses Ansatzes hin:

- Nicht alle Güter unterliegen einem "regionalen" Produktzyklus; ein Beispiel hierfür sind Güter, deren Produktion an den Standort von Rohstoffen gebunden ist (Ricardo-Güter).
- Auch erfolgt die erwartete Zentrum-Peripherie-Verlagerung der Produktion nicht mechanisch. In den Zentren versuchen Unternehmen, Gewerkschaften und politische Entscheidungsträger die "Abwanderung" reifer (alter) Produkte zu verhindern; in der Peripherie müssen innovative Unternehmen bereit sein, die Produktion aufzunehmen.
- Schließlich besteht die Möglichkeit der Rückverlagerung der Produktion von der Peripherie in jene Zentren, in den es gelingt , Prozessinnovationen erfolgreich durchzusetzen.

Zusammenfassend lässt sich als Ergebnis der hier vorgestellten Erklärungsansätze der Regionalentwicklung festhalten, dass der technische Fortschritt als entscheidende Antriebskraft des ökonomischen Strukturwandels angesehen wird und dass es im Zuge dieses Wandels zu intraregionalen, interregionalen und internationalen Verschiebungen der Wachstumsdynamik kommt. Jede einzelne Region, aber auch das System der europäischen Regionen insgesamt befindet sich in einem kontinuierlichen Transformationsprozess.

5 Beispiele der regionalen Entwicklung in der EU

5.1 Altindustrieregion: das Ruhrgebiet

Spricht man von den Problemen des Ruhrgebiets, so wird damit oft jene Krise assoziiert, die in den 1950er Jahren mit dem Zechensterben begann und zwei Jahrzehnte später auch die Stahlindustrie erfasste. Der Strukturwandel in diesem altindustrialisierten Raum ist ein Prozess, den es seit Beginn der Industrialisierung im "Revier" gibt.

"Alt" ist nicht historisch, sondern im Sinne des Produktzyklus zu verstehen. Alte Industrien sind danach solche, deren Produkte (Kohle, Stahl, Textil, Schiffbau) am Ende ihrer Entwicklung stehen und ihre Produktion technisch so problemlos geworden ist, dass sie zunehmend in kostengünstigere Regionen verlagert wird. Die Folgen sind u.a. Beschäftigungsabbau und Betriebsstilllegungen, hohe Arbeitslosenquote, Abwanderung von Arbeitskräften, Überalterung, Altlastprobleme, geringes Potenzial innovativer, zukunftsorientierter Branchen und Identifikations- und Imageprobleme (Ott 2004a, S. 10).

Als Ursachen der Krisen im Ruhrgebiet sind u.a. zu nennen:

- verschärfter globaler Wettbewerb: Konkurrenz durch billigere Importe,

- Produktivitätsrückstand,

- Nachfrageänderung bzw. Substitution von Massengütern und

- Wettbewerbsverzerrungen durch staatliche Subventionen in konkurrierenden Regionen.

Die im Kapitel 3.4 beschriebenen Schlüsselprozesse des Strukturwandels führten in den letzten 40 Jahren im Ruhrgebiet zu folgenden Entwicklungsstrategien und Ergebnissen:

- Förderung von Industrien, die bereits vor der Blüte im Montanbereich vorhanden waren und sich unabhängig davon weiterentwickelten (z.B. Nahrungsmittelindustrie),

- Ansiedlung bisher ruhrgebietsfremder Industrien, vor allem der Elektrotechnik, des Fahrzeugbaus (Opel in Bochum), der Kunststoffindustrie und der Umweltschutzindustrie,

- Anwerbung von Unternehmen der neuen Technologien, d.h. der Mikroelektronik, der Mess- und Regeltechnik und der Energietechnik,

- verstärkte Förderung von Klein- und Mittelbetrieben,

- Umsetzung des Konzeptes "Internationale Bauausstellung Emscher Park", welches innerhalb von 10 Jahren über 100 Projekte zur Erneuerung der Region hervorbrachte,

- Kooperationen zwischen Umland und Kernstädten,

- Aufbau von Regionalkonferenzen: Regionsmarketing, Innovationsförderung, Technologietransfer und

- Nutzung des "innovativen Milieus": gute Forschungs- und Bildungsinfrastruktur, breites
  Angebot an qualifizierten Arbeitskräften, Vorhandensein von Technologie- und
  Gründerzentren (Ott 2004b, S. 14).

Als Fazit ist allerdings festzuhalten, dass umfangreiche Industrieinvestitionen seit Jahren nicht mehr registriert werden, und außerdem sind Sektoren und Branchen nicht in Sicht, die die "Motorfunktion" des Montankomplexes übernehmen könnten.

Es ist richtig, dass in den letzten Jahren eine Menge vielversprechender Projekte auf den Weg gebracht wurden, aber die dadurch entstehenden neuen Branchen habe den Verlust an Arbeitsplätzen in der Montanindustrie nicht aufwiegen können.

5.2 Technopole im Languedoc-Roussillon: Montpellier

Bis in die 1960er Jahre prägte die Produktion von billigem Massenwein das Image des Languedoc-Roussillon. Doch änderten von außen kommende Impulse grundlegend die regionalen Rahmenbedingungen:

- Die Einwanderung von rd. 100.000 Algerierfranzosen erzwang von den Institutionen vor
  Ort eine aktive, den Strukturwandel vorantreibende Regionalentwicklung.
- Bewässsserungsprojekte schufen die Voraussetzung für eine intensive und wettbewerbs-
  fähige Landwirtschaft.
- Die französische Regierung initiierte ab 1963 mit der Gründung von Tourismuszentren
  die Fremdenverkehrsentwicklung entlang der Küste, von der man sich vielfältige positive
  Auswirkungen versprach: Ausbau der Infrastruktur, Zufluss von Kaufkraft, Schaffung
  neuer Arbeitsplätze, Imagewandel der monostrukturierten, verschlafenen Peripherie zu
  einer Region mit kultureller Vielfalt und hohem Freizeit- und Wohnwert. In den hohen
  Wanderungsgewinnen bei den mindestens 60-Jährigen kommt diese Attraktivität des
  Languedoc-Roussillon klar zum Ausdruck.

Ein weiterer Schritt war die Stärkung des Wissenschaftsstandortes Montpellier. Die Gründung des Centre National des Recherches Scientifiques (1960), vergleichbar mit Max-Planck-Instituten in Deutschland, sowie die Ansiedlung von IBM (1965) gaben entscheidende Impulse für die Umsetzung des "technopole"-Konzeptes. Es gelang, ein enges Beziehungsnetz zwischen Forschung, Wirtschaft und Politik aufzubauen, das mit der Bündelung endogener Potenziale die erfolgreiche Expansion der High-Tech-Branche vorantrieb.

Standortvorteile von Montpellier sind die traditionsreiche Universität (etwa 50.000 Studierende), ein großes Reservoir junger, hochqualifizierter Personen, die Lage am Schnittpunkt mediterraner Entwicklungsachsen (Paris-Barcelona, Bordeaux-Mailand), die TGV-Anbindung an Paris, keine von Altindustrien belastete Räume, Flächenressourcen, die Nähe zur Mittelmeerküste mit vielen Freizeiteinrichtungen und zur Garrrigue-Zone mit Möglichkeiten für hochwertiges Wohnen.

Das technopole-Konzept wurde in den räumlichen Polen Euromédicine, Agropolis, Informatique und Antenna verwirklicht, die als sektorale Entwicklungsschwerpunkte eine enge Kooperation zwischen Forschung und Anwendung in zukunftsträchtigen High-Tech-Branchen ermöglichen. Dem fünften Pol Héliopolis liegt ein urbanistisches Leitbild zugrunde. Er zielt zum einen auf die kulturelle Funktion von Montpellier, die den Küstenraum mit seiner einseitigen Ausrichtung auf den Sommertourismus ergänzt, zum anderen auf die Erfüllung der Freizeitansprüche der Stadtbewohner.

Das technopole-Konzept zeigt Erfolge. 1996 lag Montpellier beim Ranking der beliebtesten Städte Frankreichs nach Nizza auf dem zweiten Platz, und die positiven Migrationsbilanzen in allen Altersgruppen dokumentieren die Attraktivität des Languedoc-Roussillon hinsichtlich Wohnen, Arbeiten und Ausbildung.

Doch verweisen die relativ hohen Fortzugsraten junger Menschen auf die nach wie vor bestehenden ökonomischen Probleme. Die Entwicklung in Montpellier hat die intraregionale Polarisation in einem Gebiet verstärkt mit insgesamt geringer Wirtschaftskraft (1999: 78% des EU-Durchschnitts) und niedriger Nachfrage nach technologieintensiven Produkten (Gans 1992, S.694).

5.3   Industriedistrikte im Dritten Italien

In den 1970er Jahren entwickelte sich im Nordosten Italiens eine Wirtschaftsstruktur, die in das Schema des Nord-Süd-Dualismus nicht eingeordnet werden konnte. Dieses so genannte "Dritte Italien" (u.a. die Regionen Veneto, Emilia Romagna, Toscana) verzeichnete hohe Wachstumsraten, basierend auf Unternhemen der Branchen Textil, Schuh, Leder und Keramik.

Entscheidend für die positive regionale Entwicklung sind kleine und mittlere Unternehmen. Diese zeichnen sich aus durch

- lange Handwerkstradition,

- Herstellung qualitativ hochwertiger Güter mit hervorragendem Design,

- erfolgreiche Marketing- und Verkaufstrategien,

- starke regionale Identifikation,

- Spezialisierung auf einen oder wenige Produktionsschritte,

- sehr enge Kooperationen und Marktbeziehungen mit Unternehmen anderer
  Produktionsstufen und durch

- räumlich integrierte Produktionsnetzwerke mit Kooperationen über die gesamte
  Wertschöpfungskette.

Innerhalb dieser regionalen Produktionsnetzwerke aus kleinen und mittleren Unternehmen, die Marshall (1927, S. 29) "Industriedistrikte" nennt, entwickeln sich

- Austauschbeziehungen,

- unternehmensübergreifende Lernprozesse,

- kollektive Problemlösungen,

- Weiterbildungs- und Schulungseinrichtungen,

- Forschungslabors und

- gemeinsam getragene Institutionen.

Durch die Wachstumserfolge des Dritten Italien setzte in den 1980er Jahren die Suche nach weiteren Regionen ein, deren Struktur der eines italienischen Industriedistrikts entsrpach. Bathelt/Glückler (2002, S. 88) weisen allerdings darauf hin, dass die regionalen Produktionsnetze des Dritten Italien spezifische Nachteile, Probleme und Beschränkungen haben, die eine Übertragbarkeit erschweren, u.a. soziale und wirtschaftliche Missstände, Bedrohung durch Großunternehmen und die Gefahr des "lock-in" in ineffiziente Entwicklungen.

6 Raumordnung und Regionalpolitik

6.1 Raumordnung in Europa

Die verschiedenen Politikfelder der EU wie Landwirtschaftspolitik, Regionalpolitik und Verkehrspolitik haben erhebliche Anuswirkungen auf die Entwicklung in den Mitgliedstaaten, Regionen und Städten Europas. Die EU selbst hat jedoch kein Mandat für eine eigenständige Raumordnungspolitik.

Die offiziellen Bemühungen um eine europäische Raumordungspolitik lassen sich bis in das Jahr 1965 zurückverfolgen. Die parlamentarische Versammlung des Europarates machte damals in einem Beschluss auf die Notwendigkeit einer gemeinsamen Raumordnungspolitik zur Bewältigung der ökologischen, sozialen und wirtschaftlichen Probleme der Regionen Europas aufmerksam. 1970 fand in Bonn die erste europäische Raumordnungsministerkonferenz statt. Seitdem wurden solche Konferenzen alle zwei bis drei Jahre wiederholt, wobei jeweils unterschiedliche inhaltliche Schwerpunkte gesetzt wurden (Ott 2004b, S. 17).

Im Jahre 1983 verabschiedeten die für Raumordnung zuständigen Minister eine "Europäische Raumordnungscharta", die die Schwierigkeiten, die einer europäischen Raumordnungspolitik im Wege stehen, auflistet:

- die zahlreichen institutionellen und individuellen Entscheidungsträger,

- die Besonderheiten der nationalen Verwaltungssysteme,

- die unterschiedlichen sozioökonomischen Verhältnisse sowie

- die Vielfalt der Umweltbedingungen.

6.2   Regionalpolitik der EU

Die Notwendigkeit einer gemeinsamen Regionalpolitik mit dem Ziel der Koordinierung und Harmonisierung der regionalen Wirtschaftspolitik der Mitgliedstaaten wird vor allem mit der Existenz tiefgreifender regionaler Disparitäten begründet. Da die weniger entwickelten Mitgliedstaaten nicht im erforderlichen Maße über die finanziellen Ressourcen verfügen, um ihre regionalen Probleme allein lösen zu können, werden von den höherentwickelten Ländern Transferzahlungen erwartet.

Obwohl bereits die Römischen Verträge 1957 auf die Notwendigkeit einer harmonischen Entwicklung hinwiesen, hatte die Europäische Gemeinschaft den Aktivitäten des Europarates zunächst nichts Gleichwertiges entgegenzusetzen.

Erst seit 1975 verfügt die Regionalpolitik der EU über den "Europäischen Fonds für regionale Entwicklung" (EFRE), mit dessen Mitteln zum Abbau regionaler Disparitäten beigetragen werden soll.

Daneben werden Finanzmittel aus dem "Europäischen Sozialfonds" (ESF) und dem "Europäischen Ausrichtungs- und Garantiefonds für Landwirtschaft" (EAGFL) an betroffene Regionen transferiert.

Aus dem Kohäsionsfonds werden Infrastrukturprojekte im Verkehrs- und Umweltbereich in den wirtschaftsschwächsten Mitgliedstaaten direkt finanziert (Vorhauer 2001, S. 39).

Die oben genannten Strukturfonds finanzieren dagegen eher Programme, die verschiedene Maßnahmen kombinieren, wie z.B. bei der Förderung der Entwicklung eines bestimmten Gebietes. Diese Entwicklungsprogramme werden in den Mitgliedstaaten soweit wie möglich in Zusammenarbeit mit regionalen oder lokalen Behörden und den Sozialpartnern aufgestellt.

Den Kern der aktuellen Reform der EU-Regionalpolitik bildet die Zusammenfassung der bisher geltenden sieben prioritären Ziele auf drei und der 13 Gemeinschaftsinitiativen auf vier Hauptprogramme.

Das neue Ziel 1 ist, wie in der vorangegangenen Programmperiode, für die Förderung der Regionen mit Entwicklungsrückstand (BIP pro Kopf unter 75% des EU-Durchschnitts) vorgesehen, wobei auch die ehemaligen Ziel-6-Regionen (extrem dünn besiedelte Gebiete) im Rahmen dieses Ziels gefördert werden. Dazu werden die noch fehlenden Basiseinrichtungen geschaffen und Investitionen in Unternehmen gefördert. Unter dieses Ziel fallen etwa fünfzig Regionen, in denen 22% der Bevölkerung der Union leben. 70% der Mittel stehen dafür zur Verfügung (Vorhauer 2001, S. 40).

Ziel 2 ersetzt die bisherigen Ziele 2 und 5b und umfasst Regionen mit wirtschaftlichem und sozialem Umstellungsbedarf (z.B. Altindustrieregionen). Förderwürdig sind sowohl ländliche, industriell geprägte als auch städtische Problemgebiete. Neu ist die explizite Berücksichtigung des städtischen Raumes. Dies ist insofern begrüßenswert, als Städte bis dato trotz zunehmender Krisenerscheinungen aufgrund der speziellen Förderrichtlinien weiße Flecken auf der europäischen Karte der Fördergebiete darstellten. 18% der Menschen in Europa leben in solchen Krisenregionen, die 11,5% der Mittel erhalten.

Ziel 3 (neu) fasst die bisher geltenden Ziele 3 und 4 zusammen und konzentriert sich auf die Entwicklung der Humanressourcen, im Speziellen auf die Modernisierung der Bildungs- und Ausbildungssysteme und auf die Förderung der Beschäftigung. Dabei handelt es sich um ein "horizontales Ziel" ohne direkte räumliche Bindung; förderwürdig sind alle Mitgliedstaaten. Für dieses Ziel stehen 12,3% der Mittel zur Verfügung.

Die Gemeinschaftsinitiativen (z.B. Interreg III, URBAN II, EQUAL, Leader+) haben im Vergleich zur abgelaufenen Programmperiode an Bedeutung verloren; ihre Zahl ist von 13 auf vier gekürzt worden. Einerseits wird mit der Effizienzsteigerung ehemaliger Initiativen bei der Eingliederung in den Zielkatalog argumentiert, andererseits ist zu befürchten, dass ein sehr innovatives Instrument an Bedeutung verliert.

Tatsächlich waren und sind die Gemeinschaftsinitiativen jener Teilbereich der europäischen Regionalpolitik, der ein rasches, flexibles und unbürokratisches Agieren vor Ort ermöglichte. Die Vergangenheit zeigte, dass Initiativen wie Interreg (grenzüberschreitende Zusammenarbeit) oder Leader (Entwicklung des ländlichen Raumes und Vernetzung) oft mehr bewirkten als hoch dotierte Ziel-1-Prestigeprojekte.

Als gelungene Beispiele der grenzüberschreitenden Kooperation in einigen europäischen Regionen seien hier die EUREGIO im deutsch-niederländisch-belgischen Dreiländereck, die REGIO BASILIENSIS oder die PAMINA am Oberrhein genannt. Im Vergleich zu föderalen Systemen, wie es bspw. das deutsche Grundgesetz vorsieht, sind die Regionen innerhalb de EU allerdings zu schwach vertreten.

Die Aufgabe des Ausschusses der Regionen ist es, den lokalen und regionalen Gebietskörperschaften in der Union Gehör zu verschaffen. Die Kommission und der Rat der EU müssen den Ausschuss der Regionen in sämtlichen Bereichen, in denen Legislativvorschläge der EU Auswirkungen auf die regionale und kommunale Ebene haben könnten, um Stellungnahme ersuchen (Vorhauer 2001, S. 42).

6.3 Kritik

Wirtschaftspolitisch ist die Regionalpolitik umstritten. Nach der neoklassischen Theorie ist sie nicht nur überflüssig, sondern schädlich, weil sie Mittel vergeudet und unrentable Ressourcenallokationen fördert, speziell durch Marktverzerrungen und die Behinderung der Mobilität von Produktionsfaktoren. Der Theorie nach müsste eine weitergehende Liberalisierung zu einem Ausgleich der Einkommens- und Entwicklungsunterschiede führen.

Hingegen argumentieren Polarisationstheoretiker, dass die europäische Integration den Entwicklungsvorsprung der Kernregionen tendenziell verstärkt; deshalb müsse die öffentliche Hand aktiv in den strukturschwächeren Regionen intervenieren.

Politisch lässt sich argumentieren, dass die Mittel für die Regionalpolitik "politische Kosten" des Integrationsprozesses sind. Fortschritte der "Vergemeinschaftung" sind oft nur dadurch zu erreichen, dass widerstrebenden Mitgliedstaaten gleichsam Kompensationszahlungen gewährt wurden.

Als pragmatisch-technokratische Kritikpunkte sind zu nennen:

- Erfolgreiche Regionen werden durch Ressourcenentzug "bestraft", erfolglose Regionen "belohnt".

- Temporär gedachte Beihilfen entwickeln sich zunehmend zu einer dauerhaften Umverteilung.

- Die große Anzahl von Fonds und Programmen mit teilweise sich überlappenden Zielen fördert Intransparenz, Doppelarbeit und hohe Kosten für Consultants.

7   EU-Erweiterung

Die wirtschaftliche Entwicklung Osteuropas unterschied sich seit dem Zweiten Weltkrieg grundsätzlich von der in den westeuropäischen Marktwirtschaften. Die sozialistische Planwirtschaft führte in den RGW-Staaten zu einer Konzentration der Investitionen in und um das jeweilige nationale Zentrum. Die regionalen Disparitäten sind daher in den ehemals sozialistischen Staaten mindestens ebenso gravierend wie in den Staaten Westeuropas. Trotz der Betonung der Hauptstädte als nationale Verwaltungszentren erlangte der tertiäre Sektor hier jedoch nicht die Bedeutung wie in den westlichen Metropolen.

Die marktwirtschaftliche Öffnung der osteuropäischen Länder hat bislang nur sehr wenige räumliche Entwicklungsimpulse in der EU ausgelöst. Die anfängliche Euphorie wich einer eher abwartenden Haltung. Im Vergleich zu den gesamten Auslandsbeziehungen der EU-Staaten nimmt der Handel mit Osteuropa immer noch eine marginale Stellung ein.

Das durchschnittliche Pro-Kopf-BIP der zehn neuen Mitgliedstaaten (Estland, Lettland, Litauen, Polen, Tschechien, Slowakei, Slowenien, Ungarn, Malta und Zypern) liegt bei ca. 40% des EU-Durchschnitts. Die Unterschiede im staatlichen Vergleich sind allerdings immens: Während Lettland gerade ein Viertel des EU-Durchschnittswertes aufweist, erreichen Slowenien, Tschechien und Zypern mehr als 60%. In einigen Staaten werden aber auch interregional große Entwicklungsunterschiede zwischen der ärmsten und reichsten Region sichtbar.

Die Zahlen machen deutlich, dass sich das regionale Gefälle in der EU durch den Beitritt der "Neuen" dramatisch verstärken wird. Unter Zugrundelegung aktuell gültiger Förderrichtlinien werden dann fast alle Regionen der neuen Mitgliedstaaten förderfähig unter Ziel 1. Das würde eine Aufstockung des EU-Etats für Strukturpolitik um ca. ein Drittel bedeuten; dies wird aber nicht durch eine stärkere Belastung der "Nettozahler" zu finanzieren sein, sondern vor allem durch eine Reduzierung der Regionalförderung in den alten EU-Ländern; denn die 75%-BIP-Messlatte verschiebt sich nach unten und große Regionen z.B. Spaniens, Italiens und Ostdeutschlands fallen dann aus den Ziel-1-Fördergebieten heraus.

Das dem System der europäischen Regionalpolitik immanente Problem wird damit deutlich: Die vorrangig monetäre Unterstützung auf Basis ökonomischer Kennzahlen basiert auf dem Konzept einer reinen Wirtschaftsgemeinschaft und ist noch weit von einer Solidargemeinschaft der Bürger Europas entfernt (Ott 2004a, S. 19).

Der alltägliche politische Diskurs ist ein Beweis für die fehlende Bereitschaft sowohl der so genannten "Nettozahler-Länder" im Hinblick auf die Erweiterung mehr zu geben als auch jener Länder, welche einmal in die Gunst von Förderung gekommen sind, diese an "bedürftigere" Regionen abzutreten. Insofern bleibt die Diskussion um Mittelausstattung und um die konkrete Ausgestaltung einer europäischen Regionalpolitik weiterhin höchst aktuell.

8   Zukunftsperspektiven

Angesichts der bereits jetzt vorhandenen Disparitäten und den absehbaren Effekten des Beitritts der mittel- und osteuropäischen Staaten stellt sich die Frage nach der Einheit und dem Zusammenhalt der Europäischen Union.

Betrachtet man die letzten zehn Jahre, so haben die Unterschiede innerhalb der EU abgenommen, stagniert oder zugenommen - je nachdem, welche Ebenen man vergleicht. Zwischen den Staaten war eine eindeutige Konvergenz der Volkswirtschaften zu verzeichnen, zwischen den Regionen dagegen scheint die Kluft unüberbrückbar zu sein. Im Zeitraum von 1989 bis 1999 stieg das Pro-Kopf-Einkommen der ärmsten Regionen (unter 25%) nur geringfügig auf 68,7% des EU-Durchschnitts. Gleichzeitig konnten die reichsten Regionen (obere 25%) ihren Vorsprung weiter ausbauen (von 132,9% auf 138,1% des Durchschnitts).

Aufgrund der bevorstehenden Erweiterung der EU steht die europäische Regionalpolitik vor großen Herausforderungen, die nur durch eine tief greifende Umstrukturierung der bisherigen Fördermaßnahmen bewältigt werden können. Mit Sicherheit erhöhen sich durch die Erweiterung die regionalen Disparitäten, denn die Industrien in den prosperierenden Räumen im Westen können ihre Absatzmärkte vergrößern, während die Unternehmen in den Beitrittsgebieten eine verschärfte Konkurrenz erfahren und

Absatzmärkte verlieren werden. Die Folgen sind gegenwärtig in den neuen Bundesländern zu beobachten. Dort entstehen Standorte mit hoher Attraktivität und guter Ausstattung (Leipzig, Dresden, Eisenach), denen gleichzeitig Regionen mit extrem hoher Arbeitslosigkeit gegenüberstehen (Dessau, Oberlausitz).

Vielleicht gelingt es dennoch mit einer verbesserten Kooperation und Koordination zwischen den Politikteilbereichen der EU Effizienzverluste im Integrationsprozess zu verringern und regionale Disparitäten abzubauen. Zu diesem Zweck wurde das Europäische Raumentwicklungskonzept (EUREK) beschlossen, in dem sich alle Mitgliedstaaten auf die Verfolgung folgender Hauptziele einigen konnten:
- Entwicklung eines ausgewogenen und polyzentrischen Städtesystems und einer neuen
  Beziehung zwischen Stadt und Land,
- Sicherung eines gleichwertigen Zugangs zu Infrastruktur und Wissen sowie
- erfolgreiches Management des natürlichen und kulturellen Erbes (nachhaltige
  Entwicklung).
Obwohl sich aus diesem Konzept keine konkreten Verpflichtungen ableiten, konnte damit doch eine Bewusstseinsbildung in Richtung einer neuen, europäischen Planungskultur mit dem zentralen Begriff "grenzübergreifende Kooperation" eingeleitet werden. EUREK stellt somit einen gemeinsamen Referenzrahmen dar für Akteure auf den verschiedenen politischen Ebenen, der nicht hoch genug einzuschätzen ist.

Quellen- und Literaturverzeichnis

Bathelt, H./Glückler, J. (2002): Wirtschaftsgeographie. Stuttgart

Fourastié, J. (1954): Die große Hoffnung des 20. Jahrhunderts. Köln

EUROSTAT (2004): Systematik der Gebietseinheiten für Statistik (NUTS).
Online: http://europa.eu.int/comm/eurostat/ramon/splash_regions.html.
Aufgerufen: 2004-01-03

Gans, P. (1992): Regionale Disparitäten in der EG. Geographische Rundschau 44 (12),
S. 691-698

Marshall, A. (1927): Principles of Economics. An Introductory Volume. 8. Auflage. London

Ott, T. (2004a): Das Europa der Regionen
Online: http://www.uni-mannheim.de/mateo/verlag/reports/otteu/otteuro.htm.
Aufgerufen: 2004-01-23

Ott, T. (2004b): Europa der Regionen aus geographischer Sicht.
Online: http://geogate.geographie.uni-
marburg.de/parser/parser.php?file=/deuframat/deutsch/6/6_1/ott/start.htm.
Aufgerufen: 2004-01-29

Schätzl, L. (Hg.) (1993): Wirtschaftsgeographie der Europäischen Gemeinschaft.
Paderborn

Schätzl, L. (2001): Wirtschaftsgeographie I: Theorie. 8. Auflage. Paderborn, München,
Wien, Zürich

Sinz, M. (1992): Europäische Integration und Raumentwicklung in Deutschland.
Geographische Rundschau 44 (12), S.686-690

Tichy, G. (1991): The Product-Cycle Revisited: Some Extensions and Clarifications.
Zeitschrift für Wirtschafts- und Sozialwissenschaften 111, S. 27-54

Vorauer, K. (2001): Europäische Regionalpolitik zwischen Innovation und politischer
Notwendigkeit. Geographische Rundschau 53 (3), S. 38-42